Bibliografische Information der Deutschen Nationalbibliothek:

Die Deutsche Bibliothek verzeichnet diese Publikation in der Deutschen National-
bibliografie; detaillierte bibliografische Daten sind im Internet über http://dnb.d-
nb.de/ abrufbar.

Impressum:

Copyright © 2006 GRIN Verlag, Open Publishing GmbH
Druck und Bindung: Books on Demand GmbH, Norderstedt Germany
ISBN: 9783640155576

Dieses Buch bei GRIN:

http://www.grin.com/de/e-book/114070/suedasien-eine-zusammenfassung-des-
naturraums

Martin Gayer

Südasien - Eine Zusammenfassung des Naturraums

GRIN Verlag

Albert-Ludwigs Universität Freiburg im Breisgau

Institut für Kulturgeographie

Seminar: Südasien: Entwicklungsprobleme und Perspektiven, SS 2006

Referent: Martin Gayer

Datum: 10.05.06

Südasien –

eine Zusammenfassung des Naturraums

Inhalt:

1. Allgemeine Raumstrukturen

Südasien lässt sich großräumig als einen subkontinentalen Landsporn des eurasischen Kontinents erfassen. Im Südosten begrenzt der Golf von Bengalen die Konkan-Malabarküste einerseits und im Südwesten das Arabische Meer die Koromandelküste andererseits den indischen Subkontinent. Die Einschränkung des Großraums Südasiens geht über Belutschistan nach Norden bis zum Hindukusch. Über das Karakorumgebirge nach Osten folgend bildet das höchste Gebiet der Erde, der Himalaja, die Nordgrenze Südasiens. Der Osten des Subkontinents wird durch die Linie des Patkaigebirges bis zum Delta des Brahmaputra begrenzt. Es ergibt sich eine Nord-Süd-Ausdehnung über 38 Breitenkreise von den Gletschern im Karakorumgebirge (37°N) bis zu den äquatorial gelegenen Malediven (1°S). Dieser 4200 km großen Distanz entspricht auch die maximale West-Ost-Ausdehnung vom Längenkreis 65°O bis 95°O. Die gesamte Fläche ergibt ca. 4,5 Mio. km^2 und schließt politisch gesehen die Staaten Indien, Bangladesch, Pakistan, Nepal, Sri Lanka, Afghanistan, Bhutan und die Malediven ein [1].

Eine weitere Unterteilung der Großräume, zur inneren Differenzierung, erfolgt fortlaufend hinsichtlich ihrer Entstehungsgeschichte oder der physischen Prozesse zu denen sie in Bezug stehen. Einen ersten grundlegenden Überblick soll die Abbildung A im Anhang geben.

1.1 Von Godwana bis nach Asien

Vor 200 Mio. Jahren lag der indische Subkontinent noch eingebettet zwischen dem heutigen Afrika und der Antarktis. Nach dem Auseinanderbrechen des Superkontinents Godwana trieb er nach Norden. Madagaskar löste sich vor ca. 90 Mio. Jahren von Indien ab. Der nördliche Teil der indisch-australischen Platte kollidierte zum ersten Mal mit Asien vor 65 Mio. Jahren (vgl. Abb. A im Anhang). Zur selben Zeit kam es aufgrund des Reunionhotspots zu heftigen Vulkanausbrüchen und großen Eruptionen von Lava und Asche. Ein Flutbasalt

---

[1] vgl. Domrös (1997:4ff.)

bedeckte eine Fläche von mehr als 1 Mio. m^2, das so genannte Deccan-Trap; ein Teil des heutigen Deccan Plateaus in Zentralindien (vgl. Abb. B im Anhang).[2]

1.2 Der Himalaja

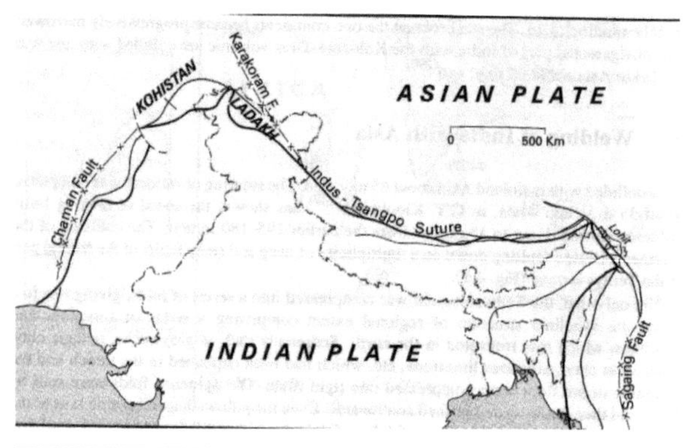

Abb.1: Die Indus-Tsangpo-Sutur als Nahtstelle der beiden Kontinente

Die Bildung des Himalajas begann im Neogen vor mehr als 20 Mio. Jahren durch die Subduktion ozeanischer Kruste unter Tibet. Im weiteren Verlauf schob sich der indische Kraton nach und verkeilte sich mit der eurasischen Platte. Die Orogenese einer Kontinent-Kontinent Kollision setzte ein. Das dazwischen gelegene Tethysmeer wurde verdrängt und die Sedimente des tibetischen Forearc-Beckens wurden zusammen mit den Gesteinen des Akkretionskeils unter Bildung einer Ophiolitfolge nach oben gedrückt. Zum Teil findet man heute diese Sedimente in Form von Fossilien selbst auf dem Mont Everest wieder. In einer weiteren Etappe der Orogenese zerbrach die indische Platte an ihrem Nordrand in große Bruchstücke, die sich übereinander schoben und ineinander verkeilten. Während der fortdauernden Hebung des Massivs beschleunigten sich die Erosion und dadurch das Volumen der anfallenden Detrius (Gesteinsschutt und Sedimente aller Art). Südlich des Gebirges, in der Vorsenke der nach unten gezogenen Kruste, sammelte sich dieses Material in den so genannten Siwaki Schichten an[3]. Diese 250 m bis 800 m hohen Bereiche bilden heute das gleichnamige Siwalki-Vorland des Himalaja-gebirges[4]. Südöstlich daran schließt sich das Ganges-Tiefland an, welches auch das Molassebecken des Faltengebirges darstellt. Der Ganges durchfließt dieses flache, mit alluvialen Sedimenten bedeckte Gebiet bis er im Osten zusammen mit dem Brahmaputra das größte Flussdelta (80.000 km$^{2)}$) der Erde bildet. Die

---

[2] vgl. Valdiya, K. (1998: S64ff.)
[3] vgl. Stanley, S. (2001: S239ff.)
[4] vgl. Neef, E.(1981: S197)

Nahtstelle der Kontinentenverschweißung wird als Indus-Tsangpo Sutur (lat.: Naht) bezeichnet, und ist anfangs den gleichnamigen Flussläufen von Indus und Tsangpo (entspricht Brahmaputra) nachzuziehen[5]. Der Indus fließt nach Westen bis er nördlich des Nanga Parbat (8126 m) einen Knick nach Süden macht. Daraufhin begibt sich sein Mittellauf durch das westliche (Indus-)Tiefland (Molasse) bevor er in einem 7.800 km^2 großen Delta in das Arabische Meer mündet. Der Tsangpo hingegen findet seinen Ablauf nach Osten bis kurz vor das Patkaigebirge, östlich des Namche Bawar (7756 m). Hier erfolgt der Durchbruch nach Süden und nach einem Umlauf um das Khasigebirge, ein Abfluss durch seine unzähligen Deltaarme in den Golf von Bengalen[6]. Die beiden Richtungsänderungen nach Süden lassen sich auch parallel zu den typischen Transformstörungen sehen, die im Westen als Chaman- und im Osten als Sagaing-Störung jeweils von Nord nach Süd verlaufen[7] (vgl. Abb.1). Abschließend ist noch das junge Alter des Himalajas zu erwähnen. Der größte Teil der Auffaltung begann erst vor 5 Mio. Jahren und ist bis heute nicht abgeschlossen. Es ist noch immer ein „Anwachsen" von mehreren Millimetern im Jahr, sowie eine andauernde Nordverschiebung des indischen Subkontinents um 3,7 bis 5,4 Zentimetern pro Jahr festzustellen[8]. Für andauernde tektonische Aktivität sprechen auch die häufigen Erdbeben, die vor allem an den seitlichen Transformstörungen Südasiens stattfinden.

Abb. 2: Die Flüsse Indiens

1.3 Die indische Halbinsel

Das Dekhan-Plateau, ein ehemaliger Teil des zerfallenen Godwanalands, ist eine der geologisch ältesten Landmassen der Erde. Größten Anteil der morphologischen Einheiten bilden kristalline Gesteine wie Granite und Gneise, sowie das basaltische Deccan-

---

[5] vgl. Valdiya, K. (1998: S66)
[6] vgl. Dierke Atlas (1988: S157)
[7] vgl. Valdiya, K. (1998: S66)
[8] vgl. Press, F.; Raymond S. (2003:S 546)

Trap (siehe Abb. C Anhang) im Nordwesten. Das Hochland ist aufgrund der leichten Schrägstellung der Dekhanscholle nach Osten hin leicht abschüssig. Eingerahmt wird es durch die Teilschollen der Westghats und der Ostghats (ghats = Hindi für Stufe oder Böschung). Diese Küstengebirge haben beide einen steilen Anstieg von der Küste her kommend und ein flaches Abfallen ins Landesinnere. Die Westghats sind mit ihrer durchschnittlichen Höhe von 1000 m mächtiger als die Ostghats mit einer mittleren Höhe von 500 m. Dieser Höhenunterschied, vereinigt mit der Verkippung nach Osten hin, generiert die Wasserscheide des Hochplateaus entlang der Westghats. Nur Narmada und Tapti finden ihren Weg in das Arabische Meer, wohingegen Godavari, Krishna, Mahanadi und Kaveri in den Golf von Bengalen münden (vgl. Abb. 2). Das Relief des Dekhan-Plateaus birgt einen großen Formenschatz. Im Westen dominiert die Schichtstufenlandschaft des vulkaischen Dekhan, worauf sich im Süden eine kuppige Rumpfflächenlandschaft anschließt. Die weniger zerschnittenen und unregelmäßigen Ostghats erreichen in ihrem nördlichen Teil fast die Küste. Das zentralindische Tafelland zeichnet sich durch einen Wechsel von Plateaus und Ebenen aus. Es findet seine Abgrenzung zum Industiefland im Westen durch das Aravalligebirge. Südlich davon fällt das Vindhyagebirge stufenartig zum Narmadatal hin ab[9].

1.4 Das Tiefland

Die Gebiete zwischen dem Deccan und dem Hochgebirgsgürtel werden durch die Ströme des Indus, Ganges und Brahmaputra dominiert. Die Wasserscheide von Indus und Ganges liegt nur 230m über dem Meeresspiegel und wird auch als Pforte von Delhi bezeichnet. Sie verläuft zwischen den Arivalibergen im Süden und den Silwalkis im Norden. Diese Linie markiert auch die Übergangszone zwischen dem trockenen Westen und dem feuchten Osten. Der Westen ist von dem ariden Gebiet der Wüste Tharr geprägt - ein 200 m bis 300 m hohes Tafelland mit einer Fläche von 250.000 km^2 . Im Westen herrschen Sandflächen und Dünen vor, während der Osten von Felsen aus Graniten, Gneisen und Schiefern geprägt ist. Das Gangestiefland wird von Westen nach Osten immer humider. Der Ganges bezieht seine meisten Zuflüsse aus dem vorderen und hohen Himalayagebirge. Maßgeblich wird sein Abfluss von der Gletscherschmelze

---

[9] vgl. Clemens, J. (1998: S3ff.)

im Frühjahr bis Sommer und den Monsunfällen gelenkt. Demnach ist seine Wassertiefe saisonalen Schwankungen unterworfen, wodurch sich in Trockenzeiten eine regelrechte Insellandschaft ausbilden kann. Die Zuflüsse die den Ganges erreichen, fliesen oft lange Strecken parallel zu ihm bevor sie sich vereinen. Die Zwischenländer werden als Doabs bezeichnet. Das größte dieser Zwischenländer wird auch „das Doab" genannt und erstreckt sich mit einer Länge von 800 km zwischen Ganges und Yamuna. Östlich an das Gangestiefland schließt sich das Brahmaputratiefland an. Es liegt größtenteils 50 m über dem Meeresspiegel und wird regelmäßig von den Hochwässern des Brahmaputra und des Ganges überschwemmt. Der südliche Teil bildet die junge amphibische Landschaft der Sundabarns, mit Mangroven und Gezeitensümpfen.

2. Böden

Die Böden Südasien sind sehr vielfältig und differieren in ihren physikalischen, chemischen und farblichen Eigenheiten. Im Kontext einer großräumigen Gliederung teilt man den Subkontinent in vier Bodentypen ein (gemäß der FAO-Bodenklassifikation - siehe Abb.D im Anhang).

2.1 Vertisole

Fast ein Viertel der Gesamtfläche Indiens wird von Vertisolen, in Indien bekannt als „Black Cotton Soils", bedeckt. Das Hauptvorkommen liegt auf dem basaltischen Teil des Dekhan-Plateaus. Dieser Dekhan-Trap-Basalt bildet nach tiefgründiger Verwitterung das Ausgangssubstrat, welches auch als Saporlit bekannt ist. Die Bildung findet nicht direkt auf dem Basalt statt, sondern kolluvial durch Erosion von Hängen und Ablagerung am Hangfuß oder in Senken. Die sehr alten Vertisole weisen einen hohen Tongehalt von 50-65% und eine niedrige Austauschkapazität auf. Findet eine Verlagerung zu den Flussläufen und Deltas des Dekhans statt, bilden sich junge Vertisole. Dessen Merkmale sind eine verbesserte Austauschkapazität und folglich auch eine erhöhte Fruchtbarkeit. Sehr quellfähige Dreischichttonminerale sind für die typischen Merkmale des Bodens verantwortlich. Während der Trockenperiode bilden sich bis 1 m tiefe und 10 cm breite Schrumpfrisse, die oft polygonal angeordnet sind und sich während der Regenzeit wieder schließen. Landwirtschaftlich gesehen erlaubt erst die einsetzende Regenzeit eine Aussaat und eine vernünftige Bearbeitung der steinharten Böden. Somit unterliegen die Bearbeitung und die ackerbauliche Nutzung dem zyklischen Wetterablauf und sind dadurch eingeschränkt.[10]

2.2 Ferrasole

Die zweite Gruppe von Böden bilden die Ferrasole. Hauptsächlich aus Rotlehmen und Roterden bestehend, werden diese auch als „Red Soils" bezeichnet. Sie nehmen überwiegend den Süden und Osten der Halbinsel ein. Ihre Ausgangssubstrate sind die präkambrischen, tiefgründig verwitterten Gneise und Granite, die summarisch auch „Peninsular Gneiss" genannt werden. Gleich den Vertisolen bilden sich die Ferrasole nicht direkt auf dem Ausgangssubstrat, sondern man findet sie auf dem anstehenden Gestein als Bodensediment oder Kolluvium.[11] Den typisch rötlichen Ton erhalten die Böden durch die Eisenanreicherung (Ferralisierung). Weitere Merkmale sind die Dominanz von Zweischichttonmineralen und ihre geringe Kationenaustauschkapazität. Daraus folgen eine schlechte Speicherung des Bodenwassers und niedrige Anteile an Bodennährstoffen. Der insgesamt humusarme Boden ist somit wenig fruchtbar. Bei fortlaufender Ferralisierung kann es zur Bildung von Verkrustungen an der Oberfläche kommen. Mit zunehmendem Alter kann es infolgedessen zu extrem harten Oberflächenkrusten kommen, welche eine weitere agrarische Nutzung unmöglich machen.[12]

2.3 Fluvisole

Fluvisole sind in den Tiefländern der drei Hauptströme Indus, Ganges und Brahmaputra dominierend. Diese alluvialen Auenböden lassen sich in alte und junge Fluvisole unterteilen. Die alten Fluvisole werden in Indien als Bhangar bezeichnet und liegen allgemein höher als die jungen Fluvisole der Flussterrassen, die auch als Khadar bekannt sind. Sie bestehen aus Sanden, Schluffen und Tonen und sind fluviale Ablagerungen aus dem Alt- bis Jungholozän. Diese lockeren, nährstoffarmen Böden sind leicht zu bearbeiten und daher für einen starken Bewässerungsanbau nutzbar. Bei ungenügender

---

[10] vgl. Bronger (1999: S326) & vgl. Domrös (1997: S7)
[11] vgl. Bronger (1999: S326ff.)
[12] vgl. Domrös (1997: S7)

Bodenentwässerung findet jedoch eine durch Kapillarkräfte hervorgerufene Oberflächenversalzung statt. Diese Salzböden werden dann als umgekippte Fluvisole bezeichnet. [13]

2.4. Aridosole und Podsole

Zu erwähnen bleiben noch die Böden der ariden Gebiete und die der Bergregionen. Die Wüste Tharr und Belustschistan sind von Aridosolen bedeckt. Diese Böden sind agrarisch kaum nutzbar und aufgrund der Niederschlagsarmut und hohen Verdunstungsraten stark versalzen. Die auf 900 m bis 1800 m vorkommenden Braunerden und die auf 1800 m bis 2700 m verbreiteten Podsole schließen sich mit ihrer minimalen agrarischen Nutzbarkeit an. Sowohl hohe Schotteranteile als auch das steile Relief machen die nährstoffarmen und sauren Böden ungünstig für den Anbau von Feldfrüchten.[14]

3. Klima

Der Monsun ist das wesentliche Klimaphänomen Südasiens. Genauer müsste man es den südasiatischen oder indischen Monsun nennen, da der allgemeine Monsuntyp nicht auf den asiatischen Raum begrenzt ist. Dieser bezeichnet im Idealfall eine saisonale Drehung der Winde um 180°. In dieser Arbeit wird der Monsun dem indischen Monsun gleichgesetzt. Der Terminus Monsun stammt aus dem Arabischen (mausin) oder Malayischen (monsin), und bedeutet Jahreszeit.[15]

3.1 Verlauf des Monsuns

Zu den klassischen Theorien der Land-See-Windsysteme, welche die südasiatischen Jahreszeiten definieren sollten, kamen in den letzten Jahrzehnten noch die Einflüsse der Corioliskraft (auf die Passate) und der planetarischen Zirkulation hinzu. Im Winter hat die niedrige Sonneneinstrahlung auf der Nordhalbkugel eine südliche Verschiebung der Innertropischen Konvergenzzone (ITC) bis unter den Äquator zur Folge. Die zur ITC strömenden Nordostpassate transportieren kontinentale Luftmassen aus den Hochdruckgebieten von Sibirien bis Tibet zur indischen Halbinsel. Diese Winde bringen nach einem leichten

---

¹³ vgl. Valdiya, K. (1998: S167)
¹⁴ vgl. Domrös (1997: S7.)
¹⁵ vgl. O´Hare (1997: S219)

Aufheizen an der Lee-Seite des Himalajas die winterliche Trockenheit über einen Großteil des südasiatischen Landes. Des Weiteren verlagert sich der ostwärts gerichtete Strahlstrom nach Süden, und teilt sich am Massiv des Himalajas in zwei Komponenten auf. Der entstehende Subtropische Strahlstrom (Subtropical Jet) strömt südlich des Gebirges entlang und verbindet sich mit dem nördlichen Polar Jet wieder im Osten Chinas[16]. Die südliche Komponente bringt dem Nordwesten Indiens die winterlichen Niederschläge, indem Störungen aus dem Mittelmeerraum herangetragen werden. Im Frühjahr beginnt sich der indische Kontinent zu erwärmen und die ITC wandert dem Bereich des Sonnenhochstandes leicht verzögert nach Norden hinterher. Über den Ozeanen verschiebt sich die ITC normalerweise nicht weiter als 10° N, über dem indischen Kontinent ist die ITC im Juli bei ca.25°N angelangt.[17] Der Grund hierfür ist die starke Aufwärmung über Belutschistan bis in die Gangesebene und dem dort entstehenden Hitzetief. Der extrem niedrige Druck des Tiefs verlagert die Konvergenzzone in wellenartigen Bewegungen in ihre sommerliche Lage, wo sie auch Monsuntrog genannt wird. Der parallele Subtropical Jet findet sich von April bis Juni nach und nach in seiner Sommerposition nördlich (40°N) des Himalajas ein. Das ausgelöste Luftdruckgefälle reicht über den Äquator hinaus zum südhemisphärischen tropisch-subtropischen Hochdruckgürtel. Die dort heimischen Südostpassate verändern ihren Verlauf nach Norden und werden, von der Corioliskraft abgelenkt zu den wetterwirksamen Südwestpassaten (auch: SW-Monsun oder Sommermonsun) über Indien[18].

3.2 Jahresverlauf und Niederschläge des Monsuns

Die Luftmassen des SW-Monsuns nehmen über der Arabischen See Feuchtigkeit auf. Mit Wasserdampf gesättigt, erreichen sie die Westghats. Nachdem sie auf eine Mächtigkeit von über 4000-5000 m angewachsen sind, dringen sie über die 2000 m hohe Westflanke in das Dekhanplateau ein und läuten den Einbruch des Monsuns ein. Diese stoßartigen Regenfälle werden auch als „Burst of the Monsoon" bezeichnet. Nach einigen Regentagen lassen die Schauer nach, und das Regenpotential wird aufs Neue aufgebaut, um das Phänomen weiter nördlich

---

[16] vgl. Stang, F. (2002: S14)
[17] vgl. O´Hare (1997: S219)
[18] vgl. Blüthgen et.al.(1980: S552ff.)

zu wiederholen.[19] Dank der nun größeren Wasserverfügbarkeit setzt auch eine höhere Evaporation ein. Häufigere Schauer, die stark vom jeweiligen Relief abhängen, sind die Folge. Ende Mai setzt der Monsunregen auf Sri Lanka ein (vgl. Abbildung E im Anhang) Die Region um Mumbai wird im Schnitt um den 10. Juni erreicht, Mitte Juli dann das Gebiet des Indus. In Assam und Bangladesch setzten die Regenfälle, trotz gleicher Breitengrade, erheblich früher (März/April [20]) ein. Bedingt sind auch, vom arabischen Meer, oder vom Golf von Bengalen kommende, Tiefdruckstörungen für den Niederschlagsverlauf verantwortlich[21]. Differenzierter betrachtet lässt sich der Südwestmonsun in zwei Hauptströmungen unterteilen. Die erste vom Arabischen Meer und die zweite vom Golf von Bengalen kommend. Die zuerst genannten Luftmassen spalten sich des Weiteren in einen südlichen und nördlichen Zweig auf. Der Nördliche strömt über die Kokanküste bis zum Gangestiefland. Der Südliche triff nach überqueren der Malabarküste auf die zweite Hauptströmung der bengalischen Seite. Nach Norden gehend, über das Mündungsdelta des Brahmaputra und dann nach Nordwesten, entlang des Südreliefs des Himalajas, fließend trifft die bengalische Komponente wieder auf den vom zentralen Indien kommenden Zweig. Den Ganges aufwärts gehend nimmt die Intensität der Niederschläge immer weiter ab. Nach Nordwesten werden die SE-NW gesteuerten Tiefdruckstörungen immer unwirksamer. Durch trockene von NW kommende Kontinentalluftmassen bildet sich eine Inversionsschicht aus, die jede weitere Möglichkeit von Konvektion verhindert. Somit bleibt der Vertikalaustausch der Luftschichten unterbunden. Große Teile des Nordwestens, insbesondere die Wüste Tharr, bleiben fast ohne Regen. Liegt der Monsuntrog über der Gangesebene fallen hohe Niederschlagsmengen, jedoch bei einer Nordverlagerung gen Himalaja bleiben

---

[19] vgl. Stang, F. (2002: S15)
[20] Quelle: http://www.klimadiagramme.de/Frame/indexeu.html
[21] vgl. Blüthgen et.al.(1980: S552ff.)

weite Teile der Halbinsel regenfrei. Man spricht in diesem Kontext auch von der „active phase" und dem „monsoon break". Eine jahreszeitliche Einteilung nach den „Standart Seasons" gibt das India Meteorological Department vor. Januar bis Februar ist „winterseason", darauf folgt die prämonsunale Phase als „hot weather season" von März bis Mai. Juni bis September ist die „monsoon season, die dann von der „post monsoon season" vom Oktober bis Dezember

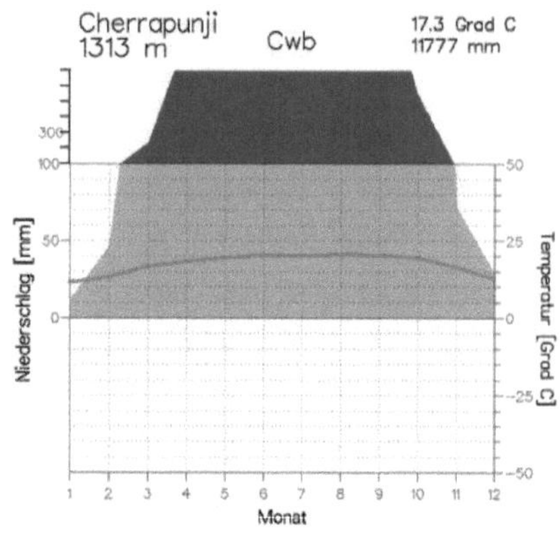

Abb.3 Klimadiagramm von Cherrapunji

abgelöst wird. Anstatt der witterungsbedingten Unterteilung kann man das Jahr auch nach thermischen Gesichtspunkten gliedern. Die feuchtheiße Zeit geht von Juni bis September, darauf folgend die trockenkühle von November bis Februar, und die trockenheiße Zeit von März bis Mai.[22] Der Jahresniederschlag wird maßgeblich von der Distanz zum Meer und der Lage der Monsunströmung bestimmt. Die höchsten Niederschläge bekommen die Westghats, der Nordosten, Sri Lanka und der Süden Indiens. Absolute Spitzenwerte kann Cherrapunji vorweisen. Der regenreichste Ort der Welt hat ein Jahresmittel von 11.400 mm Niederschlag, der sich bis zu 20.000mm erhöhen kann. Ferner ist das Vorland des Himalaya, Bengalen und das Dekhanplateau mit häufigen Regentagen versorgt. Ausreichend ist der Regen im Gangestiefland und in einem Band von dem zentralen bis zum südlichen Teil des Dekhanhochlandes. Die trockensten Gegenden mit weniger als 400 mm Niederschlag sind Tharr und Ladakh. Auf Grund der hohen Evaporation gelten oft auch Gebiete mit 400-800 mm Niederschlag als subhumid. Da sich der Regen meist auf einen kurzen Abschnitt des Jahres begrenzt, kann diese Zeit für den Anbau von Feldfrüchten genutzt werden. Die regenreichen Teile des Subkontinents, wie zum Beispiel die Westghats und der Nordosten, unterliegen den kleinsten Schwankungen in der Variabilität der Niederschläge. Dagegen weisen die ariden und semiariden Gegenden wie der Nordwesten und das zentrale Dekhan Schwankungen bis zu

---

[22] vgl. Stang, F. (2002: S15ff.)

über 30%, und somit eine Dürregefährdung, auf. Weitere Faktoren für eine Gefährdung von Anbaugebieten sind das zu späte Einsetzen des „Burst of Monsun" oder das verfrühte Ende der Niederschläge. Insbesondere bewässerungsintensive Nutzpflanzen wie Reis sind davon betroffen, da aufgrund der hohen Evaporation nur regelmäßige Bewässerung einen Schaden der Pflanzen vermeiden kann. Im Gegensatz dazu können auch zuviele Niederschläge zu Ernteausfällen und im schlimmsten Fall zu katastrophalen Überschwemmungen führen.[23]

3.3 Exkurs Klimaprognose

Schon die Briten waren 1886 um Prognosen der Monsunniederschläge in ihren damaligen Kolonien Südasiens bemüht. Seit Ende des 19. Jahrhunderts ist man sich der Wechselwirkungen zwischen der Schneebedeckung des Himalajas im Winter und im Frühjahr, und den sommerlichen Niederschlagsmengen über Südasien bewusst geworden. 1932 erkannten Walker und Bliss einen Zusammenhang der Fluktuationen des Luftdrucks und des Niederschlags über dem Indischen und Pazifischen Ozeans. Seit 1988 ist eine relativ gute Wettervorhersage für große Teile des Subkontinents möglich geworden. Jedoch berücksichtigt dieses Wettermodell nicht die regionalen Unterschiede der Niederschläge und ist nur großräumig und daher bedingt für Bauern nützlich. Nach neusten Erkenntnissen gibt es auch einen engen Zusammenhang zwischen den El-Niño-Jahren in Südamerika und Dürreereignisse in Südasien.[24] Die globale Temperaturzunahme um 0,5 °C ist für den südasiatischen Raum nach Abrol (1996) nicht sicher, und etwas niedriger anzusetzen. Änderungen in den rezenten Niederschlägen zeigen einen Anstieg für den Norden Südasiens und eine Abnahme im Süden. Im Trend der globalen Klimaänderung liegt die Zunahme von klimatischen Extremereignissen. Den größten Einfluss auf Südasien wird in den nächsten Jahren höchstwahrscheinlich der Anstieg des Meeresspiegels haben. Die Inseln der Malediven liegen höchstens 1,5 m und die Deltalandschaften Indiens und Bangladeschs im Mittel 4 m über dem Meeresspiegel. Prognostiziert wird ein Anstieg um 60-80cm in den nächsten hundert Jahren wobei der Lebens-

---

[23] vgl. Stang, F. (2002: S22ff.)
[24] vgl. Stang, F. (2002: S25ff.)

und Nahrungsraum von Millionen von Menschen in den Küstentiefländern verloren gehen wird.[25]

4. Vegetation

Die natürliche Waldvegetation Südasiens ist aufgrund der großen Fläche und den unterschiedlichen Klimaten sehr reichhaltig (siehe auch Abbildung F im Anhang). Dem entgegen steht der Einfluss des Menschen. Durch ackerbauliche Nutzung, Brenn-, und Bauholzgewinnung wurden, bis auf schwer zugängliche Gebiete, wie Teile des Nordostens, des Hochgebirges und Zentralindiens, fast alle Flächen anthropogenen Veränderungen unterworfen. Ausschlaggebend für die natürliche Vegetation ist neben der Temperatur und Niederschlag auch die Fähigkeit des Bodens Wasser zu speichern. Diese Eigenschaft vermag eine Verlängerung der Vegetationsperiode zu bewirken, womit auch Gebiete mit fünf bis sieben ariden Monaten im Jahr noch halbimmergrüne Regenwälder und feuchte Monsunwälder hervorbringen können. Die Westghats und der Nordosten Südasien bieten immergrünen Feuchtwäldern optimale Bedingungen. Sie benötigen einen Jahresniederschlag von mindestens 2.500 mm, hohe Luftfeuchtigkeit und eine ausgeglichene Jahrestemperatur von ungefähr 25°C. Östlich und westlich der Westghats und wiederum im Nordosten findet man die immergrünen und laubabwerfenden Wälder bei einem Jahresniederschlag (JN) von 2.000 mm und kurzen Trockenzeiten. Bei 1.500-2.000 mm JN ist dann ein Übergang zu den laubabwerfenden Feuchtwäldern. Diese haben ihre potentielle Lage im Lee der Westghats, von dem Chota-Nagpur Plateau bis zur Nordküste von Andra Pradesh, den Silwalkies und Terai. Die Laubabwerfenden Trockenwälder beanspruchen den größten Teil der indischen Halbinsel bis über Rajasthan zur Himalajaabdachung sowie den größten Teil Sri Lankas. Das vorhandene Klima bei 1.000-1.500 mm JN und 5-7 ariden Monaten eignet sich für ihre potentielle Verbreitung und bringt ihnen auch die Bezeichnung regengrüne Monsunwälder ein, welche zweifellos auf die Zeit der sommerlichen Monsunniederschläge zurückzuführen ist. Die kommerziell wichtigsten Hölzer des Subkontinents wie Sandelholz, Teak und Bambus sind in diesen Wäldern als ausgedehnte Bestände vorhanden. An der südlichen Ostküste Indiens und im Norden und Südosten Sri

---

[25] vgl. Domrös (1997: S8)

Lankas sind, bei 1.000 mm JN, aber hoher Luftfeuchte, Reste vom immergrünen tropischen Trockenwald anzutreffen. Nicht zu vergessen sind die Mangrovenwälder des Mündungsdeltas von Ganges und Brahmaputra. Diese werden nach der Mangrovenart Sundri auch Sundarbarns genannt. Fällt der JN unter 750 mm, mit kurzen, geringen Niederschlägen und niedriger Luftfeuchte ist die Vegetation vornehmlich von niedrigen Dornwäldern bestimmt. Diese Halbwüstenvegetation hat ein sehr begrenztes Wachstum während der Regenzeit. Ihr Vorkommen ist der Norden und Westen Indiens, vom südlichen Punjab bis über das nördliche Rajasthan bis nach Sautashtra. Des Weiteren auch östlich der Westghats. Im westlichen Rajasthan sind bei nur noch 500 mm JN niedrige Dornbuschbestände zu finden. Die gesamte Gebirgsumrahmung Südasiens differiert in ihrer Vegetationsformation immens. Generell nimmt von Osten nach Westen gehend die Aridität zu, wobei die Vegetation auch noch von ihrer Exposition, Höhenlage und Neigung beeinflusst wird. So sind eine Vielzahl von verschiedenen Vegetationsformen vorhanden. Die Bergwälder bilden mit Sal, Eichen und Kastanien die Flora des östlichen und westlichen Himalajas. Die Südabdachung des Gebirges trägt einen subtropischen Berg- und Kiefernwald sowie feuchte Mischwälder. Ab 1500 m sind Wälder der gemäßigten Breiten, sowie alpine Vegetation mit vereinzelt stehenden Bäumen, Unterwuchs und Dornbüschen anzutreffen. Durch Überweidung, Brände und Rodung haben sich außerdem große trockene Graslandschaften entwickelt. Als Ganzes betrachtet ist die Südasiatische Pflanzenwelt arm an endemischen Pflanzenarten. Viele Pflanzen wurden auf dem Subkontinent von außen durch den Menschen eingebracht, und die natürliche Vegetation ist größtenteils der Kulturlandschaft gewichen oder durch Sekundärvegetation überformt.[26]

5. Schlussbetrachtung

Der Naturraum Südasien ist in seiner großen Vielfältigkeit nur generalisiert zu beschreiben, da vielerorts regionale Einflüsse des Klimas und der Geomorphologie wirken. Das starke Bevölkerungswachstum der letzten Jahrzehnte hat zudem die natürliche Vegetation zusätzlich zurückgedrängt. Speziell im bevölkerungsreichen Indien mit seinem hohen Anteil an

---

[26] vgl. Stang, F. (2002: S31ff.)

Landbevölkerung (1996 ca. 74%[27]) wurden die großen Waldflächen in den agrarischen Gunsträumen fast vollständig gerodet. Im Einzugsgebiet des Ganges sind nach dem World Resources Institute 2003 nur noch 4,2 Prozent der Fläche mit Wald bedeckt (siehe Abb. G im Anhang). Das entspricht einem Verlust von 84,5 % der natürlichen Waldvegetation. Hand in Hand mit dem Waldverlust läuft, insbesondere in den Hochgebirgsregionen, auch die Bodendegradation ab. Aufforstungsprogramme erzielen zurzeit kaum nachhaltige Erfolge.[28]

---

[27] vgl. Clemens, J. (1998: S7)
[28] vgl. Clemens, J. (1998: S7)

Literaturverzeichnis :

Blenck, Jürgen (1977): Südasien. Frankfurt am Main

Blüthgen, Joachim; Weischet, Wolfgang (1980):Allgemeine Klimageographie. 3., neu bearbeitete Auflage. Berlin; New York

Clemens, Jürgen (1998): Indiens geographische Grundlagen. Ein Überblick. – In: Der Bürger im Staat j. 48, Heft1 , S. 2-14

Das Gupta, S. P. (1980): Atlas of agricultural resources of India. Calcutta

Diercke-Weltatlas (1988): 1. Aufl. d. Neubearbeitung. Braunschweig

Domrös, Manfred (1997): Südasien. Das natur- und kulturgeographische Potential. – In: Praxis Geographie j. 27, n. 9, S. 4-13

Neef, Ernst (1981): Das Gesicht der Erde. Thun ; Frankfurt/Main

O´Hare, Greg (1997): The Indian Monsoon. – In: Geography V. 82 (3) S.218-230

Press, Frank; Raymond Siever (2003): Allgemeine Geologie : Einführung in das System Erde. - 3. Aufl.. Heidelberg

Stang, Friedrich (2002): Indien. Darmstadt

Stanley, Steven M. (2001): Historische Geologie. 2.dt. Aufl. Heidelberg ; Berlin

Valdiya, Khadg Singh (1998): Dynamik Himalaya. Hyderabad

Bildernachweis im Text

Abbildung 1: Die Indus-Tsangpo-Sutur als Nahtstelle der beiden Kontinente
Quelle: Valdiya, Khadg Singh (1998): Dynamik Hiamlaya. Hyderabad. Seite66

Abbildung 2: Flüsse Indiens mit Wasserscheide – schwarze Linie
Quelle: http://de.wikipedia.org/wiki/Bild:Indiarivers_2.png (27.02.06) verändert

Abbildung 3: Klimadiagramm von Cherrapunji
Quelle: http://www.Klimadiagramme.de (03.03.06)

Anhang:

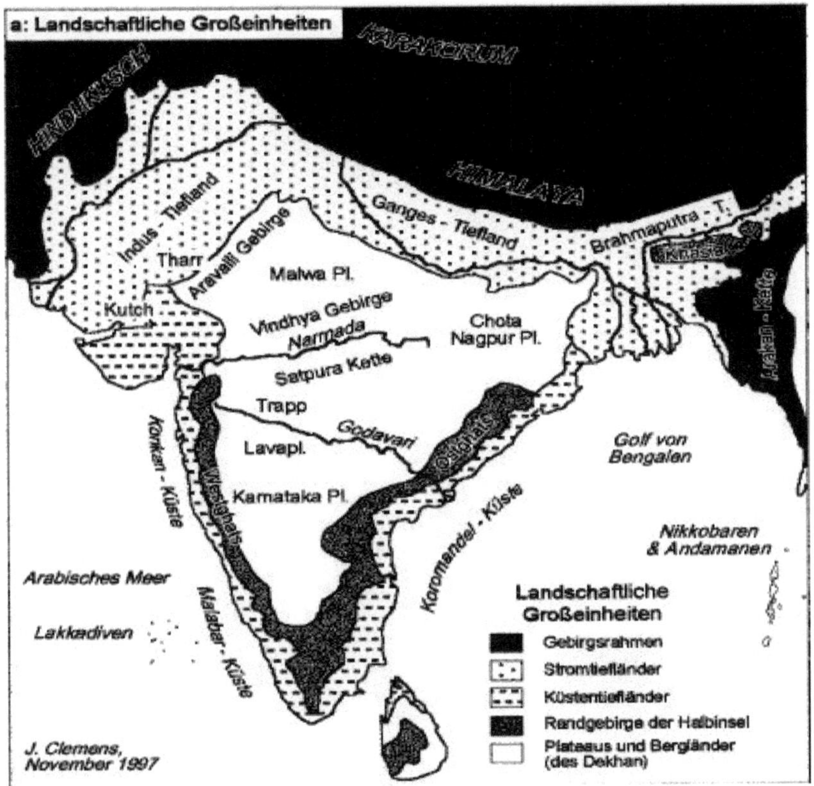

Abbildung A: Der Naturraum Südasien.

Entwürfe: J. Clemens. (a): verändert nach Uhlig (1977: 56);

Quelle: http://www.lpb.bwue.de/aktuell/bis/1_98/indien.pdf (25.02.06)

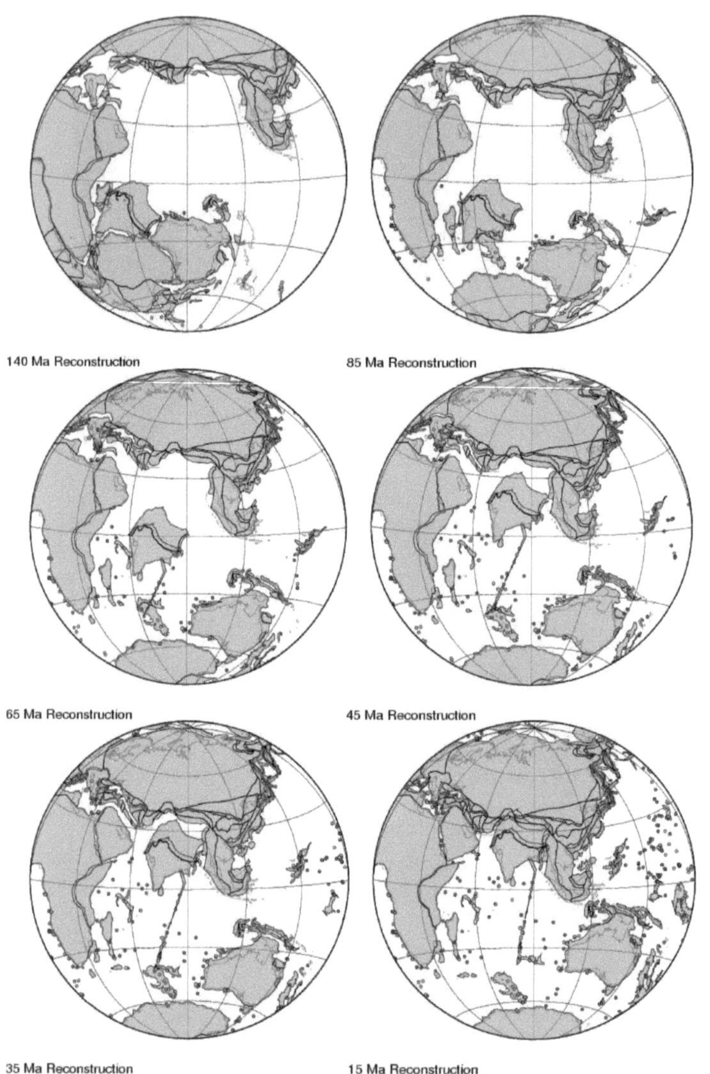

Abbildung B: Rekonstruktion der Bewegung des indischen Subkontinents im Zeitraum von 140-15 Mio. Jahren mittels des „ODSN Plate Tectonic Reconstruction Service". Die Bewegungen sind relativ zu Afrika und zeigen einen Ausschnitt von 0° bis 180° Ost mit einer Lambert Azimutal Projektion.

Quelle: http://www.odsn.de/odsn/services/paleomap/paleomap.html (25.02.06)

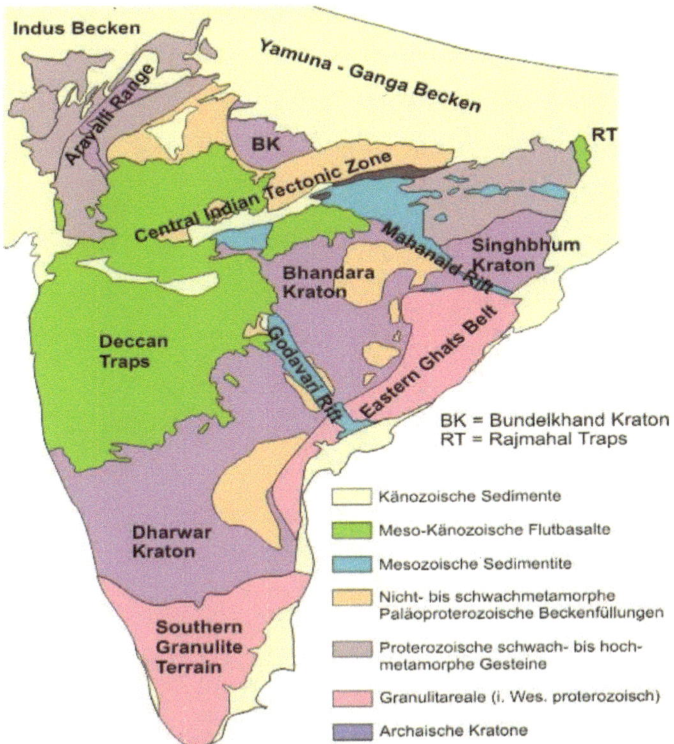

Abbildung C: Vereinfachte Geologische Karte des Indischen Schildes und des angrenzenden Molassebecken des Himalaya-Orogens

Quelle: http://userpage.fu-berlin.de/~dobmeier/indien/geologie.htm (27.02.06)

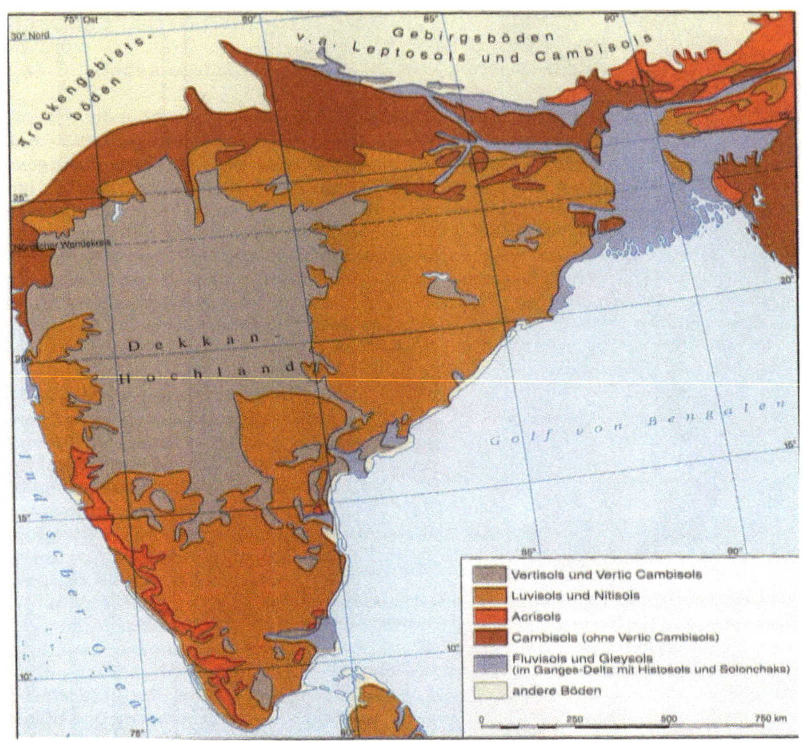

Abbildung D: Bodenkarte mit FAO-Bodenklassifikationen. Anmerkung: Luvisols (Ferrasole) und Cambisols (Brauerden)

Quelle: Stang, Friedrich (2002): Indien. Darmstadt S.XV

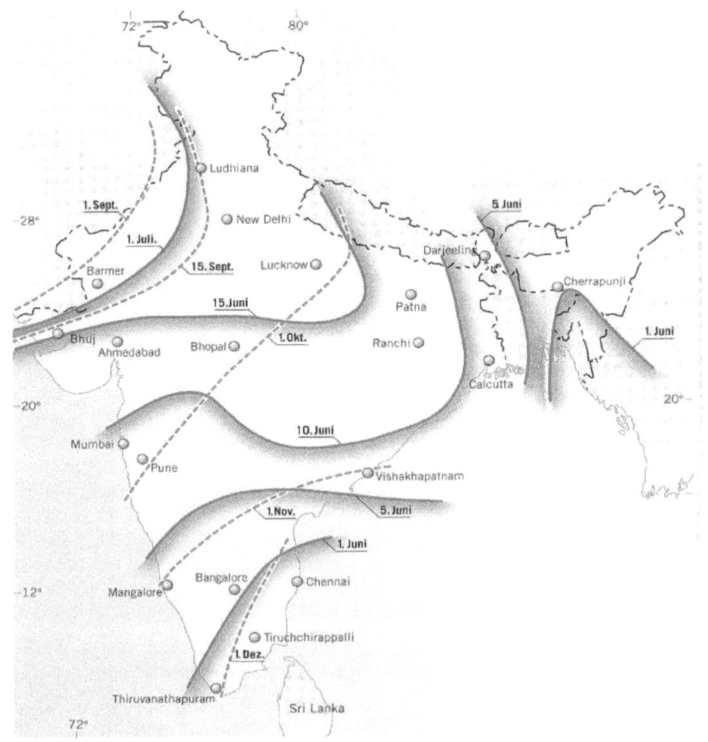

Abbildung E: Jahreszeitlicher Verlauf des Monsuns. Volle Linien zeigen den Vorstoß - gestrichelte Linien den Rückzug des Monsuns.

Quelle: Stang, Friedrich (2002): Indien. Darmstadt S.18

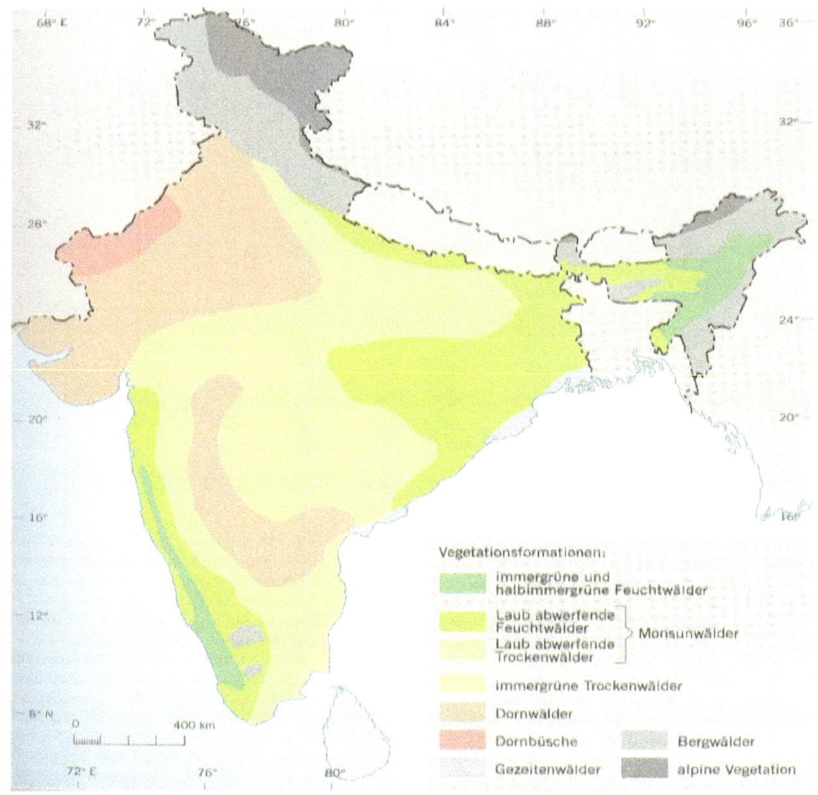

Abbildung F: Natürliche Waldvegetation in Südasien (Indien)

Quelle: Stang, Friedrich (2002): Indien. Darmstadt S.31

Percent Forest Cover: 4.2

Percent Grassland, Savanna and Shrubland: 13.4

Percent Wetlands: 17.7

Percent Cropland: 72.4

Percent Irrigated Cropland: 22.7

Percent Dryland Area: 58.0

Percent Urban and Industrial Area: 6.3

Percent Loss of Original Forest Cover: 84.5

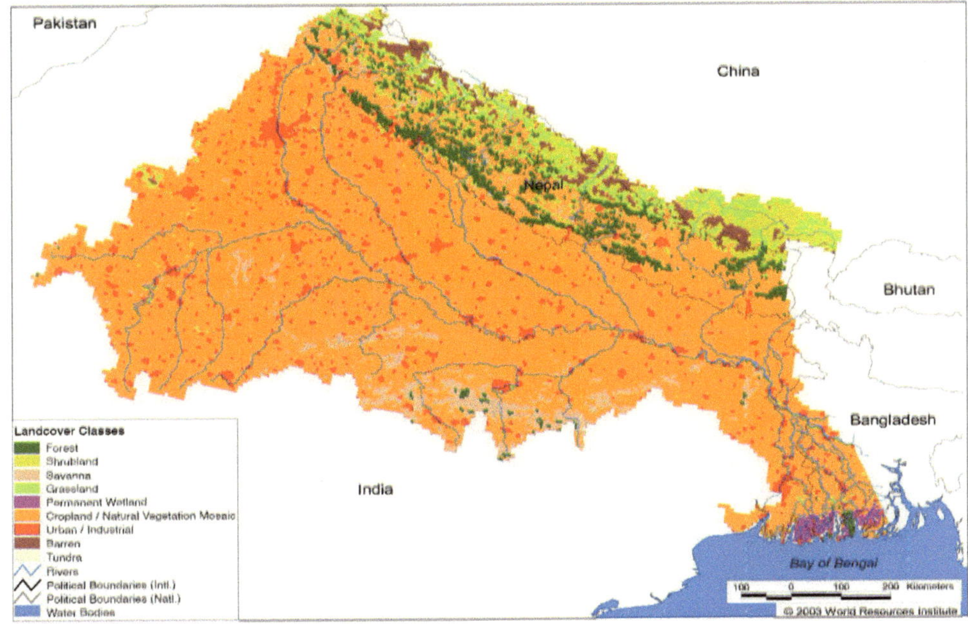

Abbildung G: Hydrologisches Einzugsgebiet des Ganges mit Angaben zur landwirtschaftlichen Nutzung und Bodenbedeckung. Erstellt vom World Resources Institute 2003.

Quelle: http://multimedia.wri.org/watersheds_2003/as7.html (03.04.06)